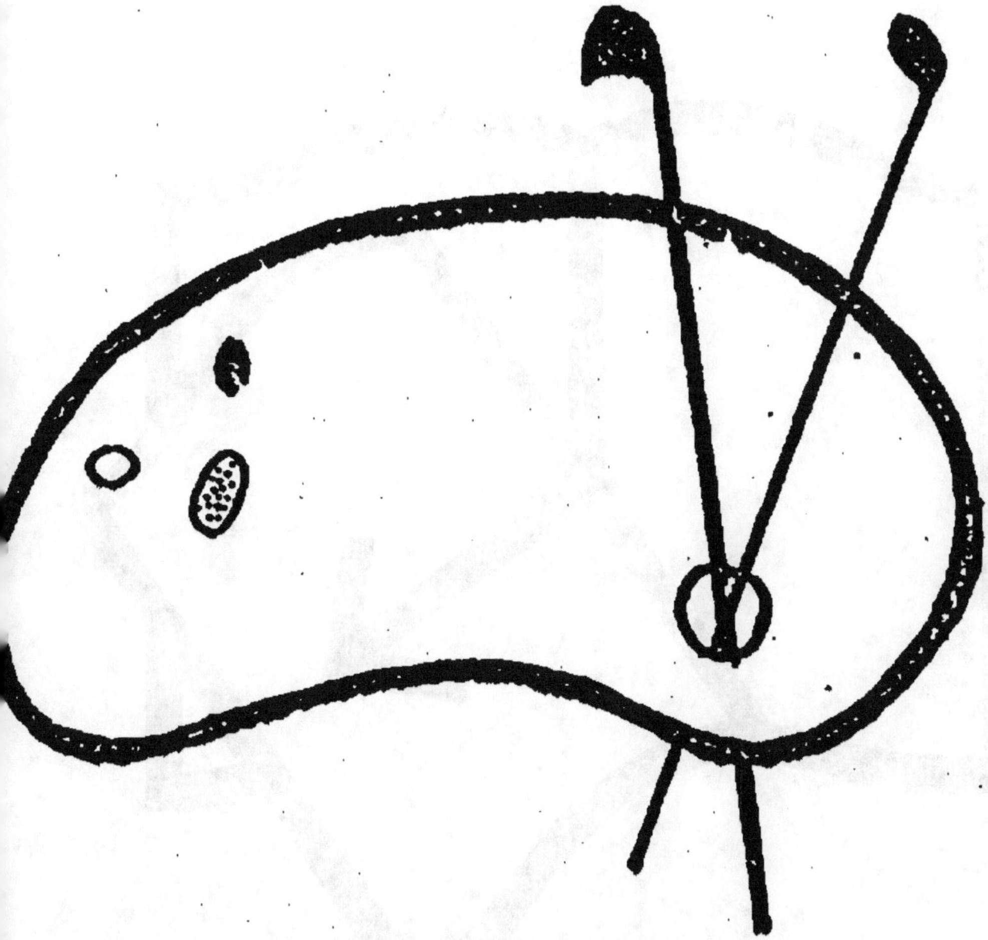

DEBUT D'UNE SERIE DE DOCUMENTS EN COULEUR

Couverture Inférieure manquante

PROMENADES AUX ENVIRONS D'APT.

I.

LE

PONT JULIEN.

APT,

TYPOGRAPHIE ET LITHOGRAPHIE J.-S. JEAN,

Rue Saint-Pierre, 37.

1863.

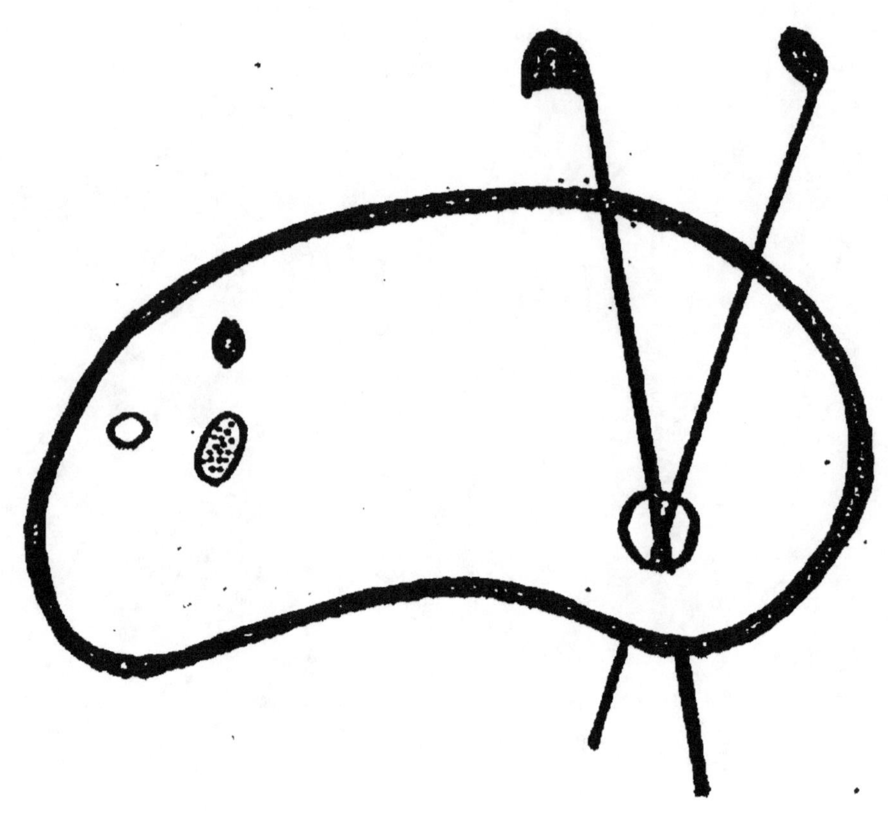

FIN D'UNE SERIE DE DOCUMENTS
EN COULEUR

PONT JULIEN.

PROMENADES

Aux environs d'Apt.

I.

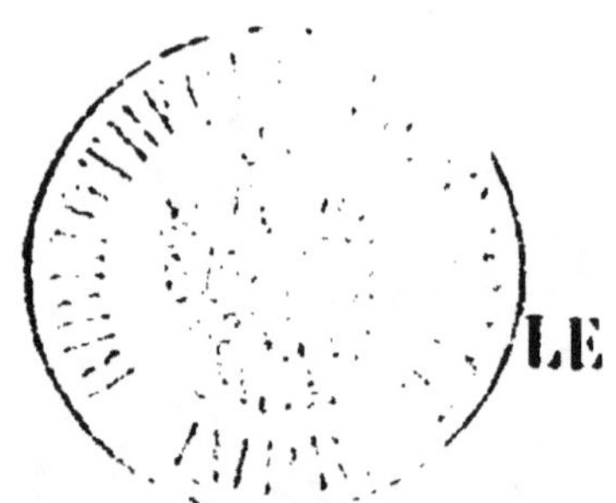

LE

PONT JULIEN.

A huit kilomètres de distance de la ville d'Apt et à cent mètres environ, à gauche de la route Impériale n° 100 qui relie cette ville avec Avignon, chef-lieu du département de Vaucluse, existe un pont antique jeté sur la petite rivière du *Caulon*. Ce monument, l'une des curiosités départementales, porte le nom de PONT JULIEN. Pour celui des touristes qui conduirait ses pas sur ce point et dont les indications qui précèdent, très-claires et plus que suffisantes pour les habitants des localités environnantes, seraient pour lui un peu obscures, nous indiquerions un repère facile et certain pour reconnaître plus sûrement l'endroit où nous voulons le conduire. Ce repère existe à la distance sus-désignée, tout au bas de la descente dite du, *Logis-Neuf*. C'est une briqueterie portant sur sa face principale l'indication du voisinage du monument Julien. La plupart des voyageurs prêtent, sans doute, en traversant ce point. une certaine attention à l'enseigne tant soit peu barbare de la briqueterie, mais bon nombre, croyons-nous, passent sans admirer le pont qui se dérobe d'ailleurs trop vite aux regards.

Ces indications étant données, nous nous permettrons, avant de décrire le pont qui fait l'objet principal de notre sujet, de parcourir un moment les alentours pour y découvrir les traces, quelques faibles et peu importantes quelles soient, que l'histoire a pu y laisser.

Et d'abord, nous dirons que la dénomination de *Logis-Neuf* dont nous avons déjà parlé, rien aujourd'hui ne semble la justifier dans le quartier qui la porte ; mais elle est due, sans doute, au bâtiment qu'on voit encore sur la route impériale et qui fut une de ces nombreuses auberges ou logis qui se créèrent jadis sur le parcours des routes, à l'époque où la lenteur du roulage exigeait de nombreux relais pour assurer sa lourde, cahoteuse et monotone locomotion.

Une chapelle dite de Ste-Magdeleine, attenant au *Logis-Neuf*, n'est remarquable que par son extrême pauvreté ; elle fut fondée en 1728 par Simon Janselme, du lieu de Gargas. (1)

Il y avait encore dans le voisinage une autre chapelle sous le vocable de *Saint-Pierre* surnommé *du Pont Julien*, mais il serait impossible aujourd'hui de déterminer l'emplacement sur lequel elle fut édifiée. Nos anna-

____

(1) Archives de l'hôpital Saint-Castor de la ville d'Apt.

les nous apprennent seulement qu'il en est fait une simple mention dans un acte d'échange, fait le 23 mai 1291, entre Raymond II Bot', évêque d'Apt, et un autre Raymond, abbé du monastère de Saint-Victor de Marseille ; des prieurés de St-Jean de Campaneis et de N.-D. de Bricis (terroir de St-Saturnin), relevant de ce monastère, contre les prieurés de St-Arige et de Saint-Sauveur de Bonnieux, dépendant de la manse épiscopale (1). La conclusion de cet acte d'échange : *Actum in ecclesia sancti Petri de Ponte Juliano Aptensis episcopi* (2), a fait inscrire ce St-Pierre dans le catalogue épiscopal de l'église d'Apt ; c'est là d'ailleurs tout ce qui est connu relativement à l'existence de ce saint évêque, l'un des successeurs immédiats à la chaire de St-Auspice. Quant à la chapelle, nous conjecturons volontiers qu'elle devait être établie aux abords mêmes du pont ; le surnom du titulaire, et puis des exemples nombreux de pareilles constructions semblent nous autoriser à admettre cette supposition comme évidente. Quoique détruite depuis des siècles, la chapelle de St-Pierre du Pont Julien eut longtemps encore de petits revenus, et tout nous porte à croire que ces revenus provenaient de certaines censes inextinguibles qu'elle percevait dans le territoire de Gargas, puisque, dans le courant du siècle dernier, l'existence de ces mêmes censes fit transférer à l'église paroissiale de Gargas, le titre et le bénéfice attachés à cette chapelle.

Dans le *Pouillé du diocèse d'Apt* (3), l'on trouve, tant seulement en 1716, ce bénéfice occupé par Fran-

---

(1) Histoire ecclésiastique de la ville et du diocèse d'Apt (manuscrit anonyme).

(2) Bozo — *Histoire de l'église d'Apt*, pag. 17.

(3) Précieux manuscrit du cabinet de M. l'abbé Roso.

çois Ollier, clerc-bénéficier du Chapitre d'Apt, qui était en même temps pourvu des bénéfices de tous les prieurés et chapelles *ruinés* de ce diocèse. Ce François Ollier obtint un canonicat en 1710 ; il descendait d'une ancienne famille Aptésienne dont l'un des membres, Guillaume Ollier, fut, dans le courant du XVIme siècle, *Lieutenant et gouverneur de la Bastille sous M. de Meru, de la maison de Montmorency.* (1)

Cet exposé historique terminé, nous croyons utile de le faire suivre d'un autre exposé, aussi succinct, sur l'origine, l'ancienneté et la construction des ponts en général. Cette dissertation sera longue sans doute, trop longue peut-être en raison de l'importance du sujet que nous avons voulu traiter ; mais, en la donnant comme introduction à la description du Pont Julien, nous pensons qu'elle contribuera à donner un plus grand intérêt à notre esquisse monumentale.

⸻⸻

Dès la plus haute antiquité (2) la construction des ponts semble faire partie d'un art isolé, connu seulement de quelques adeptes, qui, s'entourant des règles

(1) Histoire abrégée de la ville et cité d'Apt, (manuscrit anonyme). Cette famille a donné des syndics, des juges et des notaires à la ville d'Apt.—Antoine Ollier fut syndic en 1343 et 1363, puis bailli et juge en 1375.—Perrin Ollier fut syndic en 1464, 1481 et 1485.—Pierre Ollier fut investi de la même charge en 1468 et 1493.—Baptiste Ollier en 1511 et 1515.—Chafret Ollier fut consul en 1551.—et Esprit Ollier, notaire de la ville, fut consul en 1603 et 1614.

(2) On croit que la coupe des pierres est connue depuis l'an 1784 avant J.-C.

pratiques de cet art, le recouvraient du voile épais du mystérieux.

L'invention des ponts est attribuée à Janus (1), ainsi que celle des couronnes et des navires, toutes choses ayant une double face, comme la statue qui est la représentation de ce dieu. Sans trop nous arrêter à lui contester le mérite et l'honneur de cette invention, nous dirons que déjà sous les Romains, les constructeurs de ponts étaient revêtus d'un caractère sacré (2) et formaient ensemble un collége de prêtres. Ce corps, dont le noyau était à Rome, envoyait, là où besoin était, un certain nombre de *pontifes* chargés d'exécuter ces anciens monuments dont la beauté et la hardiesse étonnent encore nos constructeurs modernes. L'on sait que les Romains, pour rendre faciles les communications entre les divers points conquis de leur vaste empire, établirent des routes rayonnant autour de Rome, la ville éternelle, et embrassant du sud au nord et de l'est à l'ouest, toutes leurs immenses possessions. Ces routes, parfaitement entretenues, eurent des ponts construits au passage des torrents et des rivières; et si quelques-uns de ces édifices sont venus jusqu'à nous, s'ils ont échappé au vandalisme de notre siècle, c'est qu'ils ont eu le rare bonheur de se trouver complétement isolés de nos grandes voies de communication actuelles.

L'on n'ignore pas non plus que la plupart des institutions romaines survécurent à la domination en restant implantées dans les pays de la conquête. Aussi nous voyons que le moyen-âge eut aussi ses frères pontifes,

(1) Suivant Senèque, l'invention des arcs avec voussoirs est antérieure à Démocrite.

(2) Amyot, vies de Plutarque, t. 1er p. 124. Cologne, 1612 (Vie de Numa Pompilius.)

fratres pontifci L'institution la plus ancienne et la mieux connue de ces religieux faiseurs de ponts, est celle fondée à Avignon, sur la fin du XII° siècle par St-Bénézet. On les appelait *Hospitaliers pontifes*, parce que, d'après les règles de leur institut, ils devaient aider et secourir les voyageurs, leur bâtir des ponts ou établir des bacs pour leur commodité, et les recevoir dans des hôpitaux construits exprès sur le bord des rivières.

Ceux de ces ponts qui n'étaient pas dûs à l'initiative des Frères pontifes ou autres congrégations religieuses analogues, reçurent souvent, à cause de l'ignorance et du fanatisme du temps, la dénomination de *ponts maudits*, que quelques-uns, dans certaines contrées, ont conservé jusqu'à nos jours.

Peu à peu ces institutions religieuses cédèrent le pas à d'autres corporations civiles de faiseurs de ponts, art qui tomba plus tard dans le domaine des ponts et chaussées, pour devenir l'une de ses principales attributions.

L'architecture ogivale, adoptée avec enthousiasme dès son apparition en France, s'empara également des ponts, mais à un degré beaucoup moindre, cependant, que pour les autres édifices civils et religieux. Bien peu de ces ponts en ogive sont arrivés jusqu'à nous, et cela tient, on le comprendra facilement, autant aux inconvénients de ces sortes de voûtes, par rapport à l'écoulement des grandes eaux, qu'à la rareté de ce genre d'ouvrage même pendant l'époque qu'il a caractérisée. En effet, peu de routes existaient à cette époque; on n'en construisait point; les anciennes voies laissées par les Romains, bien ou mal entretenues, servaient seules à assurer les communications entre les divers centres de population; et ce n'était qu'à l'entrée des villes ou châteaux, ou bien sur des cours d'eau dangereux et de quelque importance, que ces rares constructions étaient alors jetées, le plus souvent encore sur les ruines d'autres plus anciennes. Après l'abandon des voûtes ogivales on retourna au plein cintre, qu'on a depuis employé concurremment avec l'arc de cercle et l'anse de panier, suivant les convenances ou la nécessité. Quelquefois, dans les XIII° et XIV° siècles, on établissait des usines sur les ponts, profitant ainsi de la compression du courant pour les mettre en jeu. Dans les grandes villes, les ponts étaient en outre envahis par des maisons qu'on construisait sur les deux côtés; et certes, aucune rue ne devait être plus propice aux marchands que celle par laquelle tout le monde était obligé de passer pour franchir une rivière.

Plusieurs villes doivent leur origine à quelque pont, dont le passage n'offrant pas assez de sécurité aux voyageurs, au commerce ou aux nations, avait besoin d'être défendu par des châteaux ou par des tours. Ces villes sont presque toujours désignées par le mot *pont* joint à un nom propre, comme, par exemple, dans nos contrées, Pont-Saint-Esprit, Pont-de-Sorgues.

Les ponts des anciens étaient généralement en pierre. On en construisait cependant en charpente, témoin celui que Jules César jeta sur le Rhin en dix jours (1). Xercès fit faire un pont de navires sur l'Hélespont (2) et ceux de bâteaux existant jadis à Rouen et à Arles passaient pour des merveilles. Aujourd'hui, grâce aux caprices des ingénieurs et aux tortures de la mode, on

---

(1) *Les Commentaires de César*, traduction de Perrot d'Ablancourt; liv. IV, p. 82; Rouen, 1665.

(2) Amyot... *Vies de Plutarque* ; Cologne, 1613. (*Vie de Thémistocles,*) tom. 1ᵉʳ, p. 224. — Suétone, l. c. cap, 19, dit que Caligula voulut imiter Xercès en faisant construire un pont semblable qui avait 3,600 pas de longueur et s'étendait depuis Bauli jusqu'à Puteoli.

emploie indifféremment à ces constructions toute sorte
de matériaux, pierre, brique, bois, fonte, tôle, fer, etc.
On établit les ponts, droits, biais. héliçoïdaux, etc.
L'armée a ses ponts de bâteaux, ses ponts sur pilotis,
sur chevalets, ses ponts radiers, ponts volants, ponts
flottants, ponts levis, ses pontons; en cela elle a hérité
de tous les moyens et procédés connus depuis les temps
les plus anciens. Les ponts de joncs servant à faire passer l'armée dans les marécages ne sont plus employés,
peut-être parce que les marais ont disparu. La naviga-
tion intérieure a aussi ses ponts tournants, ses bacs à
trailles ou ponts volants, etc.

Qelques ponts se sont rendus célèbres dans l'histoire
par des batailles sanglantes, attaques ou défenses hé-
roïques, comme le pont Milvius sur le Tibre, aujour-
d'hui le *Ponte Mole*, et tant d'autres dont la nomencla-
ture nous éloignerait trop du sujet que nos lecteurs vou-
dront bien nous pardonner d'avoir paru jusqu'ici ou-
blier.

Le pont Julien, bâti sur le Caulon, est aujourd'hui
une dépendance du chemin vicinal n° 6, de Bonnieux à
Roussillon. Triste vérité de l'instabilité des hommes et
des choses ! Cet antique monument, édifié par les Césars, qui a su résister jusqu'à ce jour aux injures sécu-
laires des temps et aux inondations successives du
cours d'eau sur lequel ses pleins cintres sont jetés, est
descendu aux derniers degrés de l'échelle progressive
de nos voies modernes ! Deux conjectures se présentent
sur son origine; la première est la tradition même; d'a-

près elle et à cause de la synonymie du nom , ce pont serait attribué à Jules César, qui l'aurait construit pour faciliter le passage des troupes et du matériel guerrier qu'il envoyait en Espagne où ce grand conquérant allait lui-même conduire ses légions victorieuses contre les fils de Pompée. La seconde version l'attribue, toujours à cause du nom, à l'empereur Julien. Mais il ne s'en-suit pas de ce que la tradition lui ait conservé un nom illustre, pour croire que les Césars aient contribué à sa construction. Cet édifice n'a rien de monumental, pas d'inscription, absence totale de moulures et de bas-re-liefs, enfin absolument rien qui puisse confirmer la croyance populaire. Il est plus probable, et en cela nous suivons le sentiment de M. Jules Courtet (1), que ce pont doit dater de la construction de la grande voie dite Aurélienne, qui de Milan venait aboutir à Arles en tra-versant les Alpes-Cottiennes. Quant à son nom, il l'au-rait pris, sans doute, du voisinage de la cité Julienne (*Apta Julia*).

L'architecte Frary en donnant un dessin très-inexact du pont Julien, dit que ce monument fut élevé *par Jules César avant l'ère chrétienne, lors de la reconstruction de la ville d'Hath* (2).

D'autres savants, très estimables d'ailleurs, ont révo-qué en doute l'ancienneté du pont Julien , mais ce n'est pas la seule erreur dans laquelle ils sont tombés. M. Millin, entr'autres, ne balance pas à croire que cet édifi-ce est de beaucoup postérieur à la domination romaine.

---

(1) Diction. historique, etc., des communes du département de Vaucluse, Avignon, 1857 (art. Bonnieux).

(2) Monuments de sculpture , peinture , architecture , etc., de l'ancien Comtat Venaissin et des villes circonvoisines , dessinés sur les lieux par A. Frary. Paris (sans date) de 97 pages in-4°.

Voici, du reste, ce qu'il en dit dans son *Voyage dans le Midi de la France*, t. III, pages 91-92 :

« Dans la matinée du 4 juillet, nous fîmes une ex-
« corsion au pont Julien, à gauche de la route d'Avi-
« gnon, à une lieue et demie d'Apt. Ce pont a été
« nommé ainsi, parce qu'on en attribue la construction
« à Jules César. Il consiste en trois arches, dont celle
« du milieu est plus haute et plus large que les deux
« autres. Il est fort bien conservé, à l'exception des
« parapets, qui sont un peu dégradés : chacune des piles
« qui sont à côté de la grande arche, a une ouverture
« d'une extrémité à l'autre en forme de niche, comme
« on en voit au pont Saint-Esprit. Cette conformité de
« construction me fait présumer que ce pont a été bâti
« à peu près dans le même temps que celui-ci. »

N'en déplaise à M. Millin et à M. Letronne qui a écrit sur la foi de ce savant archéologue, ce n'est pas toujours sur la conformité de construction qu'on juge de l'âge d'un monument. Cette règle a de nombreuses exceptions. Un ouvrage d'architecture tout moderne peut être construit sur le type d'un autre ouvrage très-ancien, et cela est tellement vrai, que de tout temps on a vu des architectes copier l'antiquité, surtout dans le XIIe siècle, pour la construction des ponts. Nous trouvons d'ailleurs que les détails des ponts romains existant encore, dans le département du Gard, à Sommières, Boisseron et Embrusi, décrits et dessinés par A. Perrot (1), sont presque identiques à ceux du pont Julien, et le type de ces ouvrages antiques, plus nombreux alors qu'aujourd'hui, dut servir pour l'édification de ce-

______

(1) *Lettres sur Nîmes et le Midi*, etc. Nîmes, 1840, tom. 1ᵉʳ, pag. 312-316.

lui du Saint-Esprit. Une meilleure raison encore: c'est que le pont St-Esprit, presque contemporain du pont Saint-Bénézet d'Avignon, ne lui ressemble en aucune manière.

M. Mérimée, au contraire, se prononce pour l'affirmative dans la courte description qu'il donne du pont Julien dans ses notes (1). Voici cette description :

« A deux lieues d'Apt, à gauche de la route de Ca-
« vaillon, on voit un pont romain jeté sur un torrent
« presque toujours à sec; on l'appelle le pont Julien, et
« on l'attribue à Jules César pour lui donner une illus-
« tre origine ; il a trois arches, celle du milieu plus lar-
« ge que les autres, en outre, deux ouvertures cintrées
« assez larges sont pratiquées au-dessus des deux piles
« principales ; elles donnent au pont une apparence de
« légèreté, et leur objet est, de plus, de faciliter l'écou-
« lement des eaux dans les débordements. L'arche du
« milieu et les piles sont construites de gros blocs
« juxta-posés sans ciment. On a enlevé les crampons
« qui les liaient l'un à l'autre, sans que l'eau ait produit
« le moindre dégât dans les trous profonds que cette
« opération a exigés. Les autres arches sont revêtues
« à l'intérieur de petites pierres ; il n'y a que le pare-
« ment extérieur qui soit de grand appareil. Le parapet
« actuel n'a que 7 ou 8 pouces de haut ; je ne crois pas
« qu'il ait été rasé à une époque postérieure à la cons-
« truction du pont. Il dépasse légèrement l'aplomb du
« parement des arches. Un fragment de voie romaine,
« pavée de grosses pierres irrégulières, se montre aux
« abords du pont, et s'en écarte dans une direction
« oblique. »

____

(1) *Voyage dans le Midi de la France*, Paris, 1835, in-8° pag. 215-216.

Y avait-il, dans cette contrée, un point plus propice pour traverser le Caulon? Certainement non. Et les pontifes romains, en choisissant celui-ci, eurent en vue l'économie et la solidité de leur ouvrage. Nous ajouterons d'ailleurs, pour plus d'éclaircissement, que depuis Apt jusqu'au point où le pont Julien est jeté, la rivière coule très encaissée par des rochers escarpés qui viennent mourir par un affleurement à peine visible sous le pont. En aval, au contraire, le rocher disparaît complètement et le Caulon élargit son lit en se jetant dans les terres voisines qu'il submerge dans ses crues. On voit que nul point n'était plus convenable pour asseoir cette construction et faire passer, d'une rive à l'autre, la voie romaine. Nous avons déduit, dans un précédent travail (1), les motifs qui déterminèrent ce passage.

Au point de vue artistique, les lieux qui entourent le monument Julien sont dépourvus d'intérêt. A l'amont et sur la rive gauche, un moulin à farine remplit le paysage, terminé, au fond, par un rideau de rochers abruptes et presque nus. A l'aval, l'œil découvre une vaste plaine, luxuriante de verdure, mais ternie par le cours extravagant de la rivière qui, au lieu des *blondes eaux* dont parle notre poète (2), ne laisse voir, pendant la plus grande partie de l'année, qu'un lit de sable et de graviers.

Aucun auteur n'a donné du pont Julien une exacte description, ni une juste appréciation: quelques-uns n'en ont fait qu'une faible mention dans leurs ouvrages où des monuments de moindre importance occupent

____

(1) Projet d'une carte topographique de la Gaule à la fin de l'empire Romain. (Renseignements sur le département de Vaucluse), pag. 39. Apt, 1860.

(2) Trilogie, par Ant. de Sigoyer; Valence, 1860.

une trop grande place; d'autres l'ont à peine cité; enfin,
la plupart ont oublié de le visiter et de l'inscrire. Nous
prétendons ici faire plus d'honneur à ce monument et
faire jaillir la vérité aux yeux de tous, en donnant une
ample et fidèle description que de nombreuses visites
sur les lieux nous ont permis d'élaborer à loisir. Une
vue photographiée achèvera l'œuvre que nous nous
sommes imposée; en reproduisant l'ensemble, les détails échappés à notre plume apparaîtront.

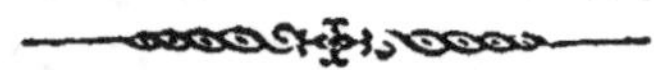

Le pont Julien, fondé sur le rocher qui se montre sur
ce point au niveau des graviers, est construit en pierres
de grand appareil régulier. Il est composé de trois arches en plein cintre et d'ouvertures inégales; la plus
grande, celle du milieu, a 16ᵐ 20 de diamètre; elle se
compose de 45 voussoirs, à peu près égaux, reposant
sur deux assises vues de piédroits. La clé touche le
cordon du parapet ;

Les deux arches extrêmes ont chacune 10ᵐ 35 de
diamètre ;

Celle de gauche, composée de 29 voussoirs, la clé
touchant le cordon du parapet, repose sur 4 assises de
piédroits ;

Celle de droite, d'un nombre égal de voussoirs, la clé
touchant aussi le cordon du parapet, repose sur 5 assises de piédroits à la pile et 3 assises à la culée. Cette
différence, pour cette arche seulement, tient à la hauteur du rocher sur le bord droit de la rivière.

Les naissances de ces arches sont sensiblement sur
un même plan horizontal, et, comme les clés des voûtes

sont immédiatement en contact avec la chaussée, il en résulte que le pont présente une double inclinaison dont le sommet commun se trouve précisément au-dessus de l'arche principale.

Ces trois arches présentent ensemble un débouché superficiel d'environ 180 mètres carrés.

La longueur totale du pont, entre les culées, est de 46^m 60; et la largeur de la voie, entre les parapets, est de 4^m 20 seulement.

Dans chacune des piles, on voit, un peu au dessus des naissances, une ouverture cintrée avec piédroits, ayant 1^m 84 de largeur à la base et 3^m 12 de hauteur sous clé; ces ouvertures, faites dans le double but d'économiser les matériaux et de détruire la nudité des masses, donnent encore au pont une apparence de légèreté et en augmentent le débouché dans les hautes eaux. Ces ouvertures sont formées de 7 voussoirs reposant sur 5 assises de piédroits. Comme dans les arches, la clé du cintre touche le cordon du parapet. Ce parapet, de 0^m 40 de hauteur seulement, est très large; il forme une légère saillie en biseau sur le parement de de la maçonnerie générale de l'ouvrage. On a placé depuis quelque temps, sur ce parapet, une balustrade en fer pour la sûreté des voyageurs.

Le pont Julien avait autrefois des avants-becs destinés à briser le courant et à en diminuer la force. Ces avant-becs, dont la trace est parfaitement marquée par des pierres saillantes, dépassant plus ou moins le parement de la maçonnerie des piles, et par un massif semicirculaire qu'on remarque au niveau des fondations, venaient aboutir aux seuils des ouvertures dont nous parlons ci-dessus. La destruction de ces avant-becs, qui ne date probablement pas de bien loin, peut hâter la ruine complète du pont; en effet, que quelques fortes crues surviennent et l'on verra les corps flottants détruire par leur choc ce que les siècles ont épargné jusqu'à ce jour. Le pont n'a jamais eu d'arrière-becs.

L'appareillage général de l'édifice a cela de curieux, que les joints des assises des piedroits n'ont pas une épaisseur plus forte qu'un demi millimètre. Il est, certes, impossible de faire mieux, et il est à supposer que pour arriver à un résultat aussi extraordinaire, on a dû nécessairement, avant de poser une de ces pierres, et alors que celle-ci était encore suspendue par un mécanisme quelconque, on a dû, disons-nous, par un mouvement de va et vient, user ses faces inférieure et latérale sur les parties de celles déjà posées. On ne peut comprendre qu'ainsi la manière d'arriver à une perfection que n'atteindrait pas, par les moyens ordinaires, le plus habile appareilleur de notre époque. On comprend encore que par ce procédé, l'emploi du mortier dans les joints devenait complètement inutile, puisque l'espace était insuffisant pour le laisser pénétrer. C'est ce qui a fait croire que l'ouvrage tout entier était construit sans mortier, ce qui est une grave erreur. Les parements vus sont, du reste, mal taillés et les joints des pierres ne sont pas d'une grande uniformité; les uns sont droits et à vive-arête, les autres sont refouillés.

Plusieurs auteurs, et notamment M. Mérimée, pensent que les trous profonds, qu'on remarque sur plusieurs points de l'édifice, proviennent de l'enlèvement de crampons qui avaient pour objet de le consolider. Loin de partager cette opinion, nous dirons qu'à première vue, on croirait plus vraisemblable que ces trous ont servi à la construction de barrages destinés à assurer l'alimentation d'un canal dont on voit les traces dans le roc, en amont et à droite du pont; mais la disposition même de ces trous fait bien vite rejeter cette seconde hypothèse. Quoiqu'il en soit, ces trous n'ont jamais reçu de crampons ; la raison est que le volume des pierres rendait inutile cette opération ; et quand bien même les constructeurs auraient eu ce surcroît de prévoyance, ils n'auraient jamais eu l'idée de les ficher précisément dans les joints, disposition uniforme qu'on remarque partout où ces trous se présentent. — L'idée que ces mêmes trous ont servi pour échafauder la construction disparaît aussi devant la dégradation qui en résultait, et par le défaut de continuité de ces trous, très-nombreux sur quelques points et manquant complètement sur d'autres. Nous laissons à d'autres plus savants que nous le soin et l'honneur de découvrir le but de ces dégradations.

Indépendamment des murs en retour, reconstruits depuis peu en maçonnerie ordinaire, d'anciennes traces de réparations, faites à diverses époques, se font remarquer dans le milieu des voûtes extrêmes; l'une d'elles, celle de gauche, porte sur les pierres de réparation l'inscription suivante totalement dégradée à l'exception de la date :

1789

CE PONT A ÉTÉ RÉPARÉ PAR....

le reste est indéchiffrable. Les voûtes des ouvertures ont été assez mal reconstruites en moëllons ; l'arche du milieu seule n'a pas remué. Les traces de réparations faites aux deux arches extrêmes, ont fait croire à M. Mérimée, que l'intérieur des voûtes de ces arches avait été construit, en principe, avec des pierres de petit appareil. Cette allégation est fausse et il n'est pas même nécessaire de recourir à l'inscription ci-dessus pour prouver que ce changement, dans l'appareil général, est de fraîche date. Le plus court examen suffit pour démontrer que ce fait est tout récent.

Le monument Julien, comme le pont d'Avignon, a aussi sa légende. C'est toujours le merveilleux. Interrogez les bonnes femmes des environs ! elles vous répondront toutes avec aplomb, que les énormes blocs engagés dans la maçonnerie des piles et des piédroits de l'édifice, furent apportés de la carrière par de jeunes bergères qui, portant ces lourds fardeaux sur leur tête avaient encore la libre faculté de se livrer aux délassements de la quenouille traditionnelle. Cette légende, presque aussi ancienne que le pont, semble venir de l'ignorance à laquelle on fut réduit quand furent perdus les moyens de transport dont disposaient les Romains. Il n'est guère possible aujourd'hui de préciser comment les grandes pierres employées à l'édifice, provenant toutes des bancs de molasse de la montagne qui sert de contrefort au Luberon, ont pu être amenées là à pied d'œuvre. Il importe toutefois de rappeler qu'un énorme rocher existe aux abords du pont Julien, et l'on serait étonné de ce que les constructeurs ont préféré aller chercher au loin les matériaux nécessaires quand ils en avaient sur les lieux mêmes, si un court examen ne suffisait pas pour faire apercevoir que la pierre de ce rocher est gélive et par conséquent impropre aux constructions en plein air ; ce que n'ignoraient point les Romains passés maîtres en l'art de bâtir.

L'ouverture cintrée, pratiquée dans la pile de gauche, porte d'anciennes traces d'habitation. Serait-ce Saint-Pierre, dont nous avons parlé au commencement de cette notice ? Ou bien quelque autre pieux anachorète qui serait allé chercher, dans cette demeure incommode, une retraite loin des bruits de la cité et un moyen de secourir les pèlerins ? L'une et l'autre de ces suppositions peuvent être admissibles, mais la dernière l'emporte sur la première. Il est à regretter que, faute de détails, nous ne puissions sauver de l'oubli un souvenir d'édifiante abnégation. Que de beaux noms et de beaux exemples l'église n'a-t-elle pas perdus dans les siècles d'ignorance? L'histoire les sauverait aujourd'hui en les offrant pour modèles à la postérité !

Qu'on nous permette, en terminant, de rappeler un de ces anciens usages barbares qui ont, peu à peu, disparu de nos contrées. Autrefois, après une exécution capitale, on détachait la tête du corps du supplicié et on allait exposer cette tête sur le point le plus passager des environs de l'exécution, afin de montrer à tous les passants le juste châtiment que le criminel avait encouru. Cette tête restait là, sans que personne s'en inquiéta, jusqu'à son entière décomposition. Il n'était point permis de l'enlever, pas même d'y toucher ; c'était, en un mot, *la justice du Roi*. Le pont Julien, placé au centre des cantons de Bonnieux et de Gordes, et à cause de sa grande fréquentation, jouissait du triste privilège de servir de lieu d'exposition pour tous les pays environnants ; c'était sur le bord du seuil d'une des petites ouvertures cintrées, dont nous avons parlé dans la description du pont, qu'on plaçait ordinairement ce dégoûtant spectacle, digne tout au plus des nations les moins policées. On conserve encore, dans certaines contrées environnantes, le souvenir des dernières expositions faites au pont Julien.

Nous croyons nécessaire, en clôturant cette notice, d'émettre le vœu que ce pont antique soit classé au nombre des monuments historiques, et qu'étant, comme tel, placé sous la sauvegarde de l'illustre Commission qui a pour but de protéger les merveilles des temps passés contre le vandalisme moderne, des réparations bien entendues viennent le consolider. C'est le seul moyen de prévenir sa ruine. Car, pourquoi laisser aiu-

si ce monument non classé ? Pourquoi tarder si longtemps à lui accorder une place utile parmi ceux dont se
glorifie l'histoire ? Son beau nom ; son incontestable antiquité ; son emplacement isolé de toute grande voie de
communication, sont autant de titres qui revendiquent
cet honneur.

C. MOIRENC.

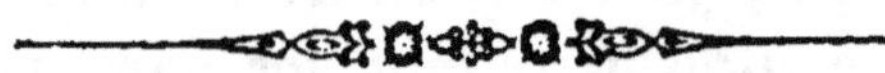

Apt, Imprimerie J.-S. Jean, rue St-Pierre, 87.

www.ingramcontent.com/pod-product-compliance
Lightning Source LLC
Chambersburg PA
CBHW051402060726
47596CB00005B/2041